容器花园

金 环 杨春起 主编

U0209105

中国林业出版社
China Forestry Publishing House

容器花园
编委会

主　编：金　环　杨春起

编　写：金　环　杨春起　程东宇　李　婷　史东霞
　　　　徐　扬　马淑霞　孙维娜　陈　磊

摄　影：玛格丽特

编　校：赵芳儿　淑祺

CONTAINER
GARDENING

图书在版编目（CIP）数据

容器花园 / 金环, 杨春起主编. -- 北京：中国林业出版社，
2018.10

ISBN 978-7-5038-9805-1

Ⅰ.①容… Ⅱ.①金… ②杨… Ⅲ.①花卉—观赏园艺 Ⅳ.①S68

中国版本图书馆CIP数据核字(2018)第239637号

责任编辑：印　芳　邹　爱
出版发行：中国林业出版社（100009 北京西城区刘海胡同7号）
电　　话：010-83143571
印　　刷：固安县京平诚乾印刷有限公司
版　　次：2018年11月第1版
印　　次：2018年11月第1次印刷
开　　本：710mm×1000mm　1/16
印　　张：6.5
字　　数：137千字
定　　价：49.00元

前言

　　每个人心中都有一个花园梦，在喧闹繁忙的都市，可以跟花花草草对话，与大自然亲密接触。但在寸土寸金的城市，这个梦想又是如此奢侈。不过没关系，只要心中有花园，无论是在几十平方米的蜗居之中，甚至阳台、窗台方寸之间，我们都可以创造出一个属于自己内心的花园，容器花园可以帮我们实现。

　　容器花园最显著的特点是，主人可以随时随地地挪动它们的位置，客厅、茶室、阳台、卫生间，抑或者是沙发旁、电视机旁、墙隅等处，在了解植物的生活习性后无论是单个的容器还是多容器组合读者们都可以随心所欲的布景。

　　容器花园可以是一种植物，也可以是多种植物组合。多种植物组合盆栽时，需要注意同种生活习性的植物配植在一起，比如都是喜阴或喜阳的、宁干勿湿、宁湿勿干的这些类型的植物，便于日后的管理。单独盆栽的植物可以随主人自己的喜好，即使是南花北种也可以通过自己的耐心与细致把植物养得非常好。

　　本书介绍了各种容器花园的应用，有门庭装饰、窗台与阳台装饰、街头公园、室内美化等各种案例，让读者可以轻松学会如何在自己家里尽情地创作，也能够对您创作出优美的花园提供建议和帮助。同时作者还精选了多种植物按照春、夏、秋、冬的顺序列举出来，供读者朋友们选择参考。对于初学者可以选择容易栽培的植物，如石竹、二月蓝、天竺葵、大丽花、矮牵牛等，对于经验丰富的爱好植物的朋友就看你们自己的设计水平啦。

编者

2018.10.15

目录

CONTENTS

容器花园

什么是容器花园

在欧美，有一种叫做 Container gardening 的园艺形式，它包含了我们如今所说的组合盆栽和容器花园。前者是指一个容器里面栽植多种植物，后面指多个栽种了植物的容器组合。在这里，我们将其统称为容器花园。

一个容器里面栽种多种植
物，常被叫做组合盆栽。

多个栽植了植物的盆栽组合，组成了可移
动的容器花园景观。

容器花园的应用

　　近年来容器花园非常流行，无论是私家花园，还是在街边、商店、公园……很多场合都能见到这种容器组合的花园。也难怪，这种可以移动的花园既具有盆栽的方便、灵活性，又具有花园的丰富多彩性，可谓是结合了盆栽和花园的优点，大大丰富了植物装饰方式。

　　容器花园可简单也可复杂，它小到可以放在窗台案几上；也可以通过组群搭配，形成大型的容器花园景观。只要容器大小能满足植物生长的需要，我们就可以在容器中种植各种植物：乔木、灌木、蔬菜、香草、花卉等。

装饰门庭

小菊花纤细的绿叶夹杂着小小的白色花朵看起来楚楚可怜又不失活泼，给灰色地带的墙角增添一些生机，又不那么惹眼抢夺主角的风采。

在这个背景为铁艺的庭院前种上几盆植物，软化了过于硬质的景观，垂下的"爱之蔓"藤条中和了硬朗的环境。古朴的陶质容器与锈迹的铁架相得益彰。

多种容器与色彩鲜艳的报春花、雏菊、蓝目菊等组合，整体给人一种阳光欢乐的气氛，开花植物都是选用的比较小的种类，所以又不会过分热闹让人心烦，还有黄色的小花与白色的雏菊也淡化了红色带来的热烈。

浅蓝色的背景很明亮，有一种轻盈感，与一些深色开花植物如深紫色三色堇显得非常浪漫，地上部分运用观叶植物，避免了头重脚轻之感。

门庭

利用各种容器与不同材质的绿植组合在一起，既给植物增添光彩，也将不起眼的角落调节得亲切动人。

俏皮的小南瓜装饰让门前小景极具童趣，成为小景观的一大亮点，飘逸的狐尾天门冬和纤柔的酢浆草更是增添了轻盈感，活泼有趣。

你只知道江南私家花园的移步异景与一步一景，这个小楼梯也可以让你体验一步一景哦。容器与植物的高矮搭配，极大地丰富了景观效果。这就是"枯木逢春"。

❧ 装饰窗台、阳台 ❧

在墙下摆上这张桌子，好像是一幅壁画。古朴的色彩与质感，容器里有鲜活的洒金珊瑚，有干花、盆景，整体好似一幅油画，桌上的水壶很好地控制了整体的格调。桌边的可爱小人和小狗都显得非常温馨。

沙发、天门冬、金边吊兰、小菊花的组合，整体偏向温暖的黄色调，搭配浅粉色的翠菊，整体非常的柔美。让人忍不住想在夕阳西下的时候坐在沙发上看着远处的晚霞。

在庭院墙角边放置几个较大的容器，上部栽种一些狗尾巴草和常春藤，下部有一只小鸭子铁艺花架，里面种上了红色的花儿，可以吸引人的眼球往下看这些散落在花园里的小可爱。

容器花园的好处就是不只是在室外，也可以让住在高楼里的都市人在室内拥有自己的小花园。在窗边造一个小水景，摆一些植物在周围，营造出一种轻松自然的野趣，在紧张忙碌工作了一天后，在此处享受一份属于自己的惬意空间。

在木架上展示可爱的盆栽小花，多肉与草花的组合，质感不同、
高低不同，组成热闹有趣的小景。

木架前面放置木质桌椅，旁边用木栅栏围起来，营造了一种私密空
间，使得整体更有安定感。木架背景的组合呈现出立体的风貌。

窗户上吊着一盆用竹篮栽植的花叶蔓长春和紫红色的矮牵牛，可以使人的视线跟着上移，不会因为下面显得有些沉重而失去平衡感。

背景是一片树林和紫色的枫树，以白色围栏为桥梁进行过渡，映衬出柔美的花色。围栏上整齐有序的摆着小花盆植物矮牵牛，大容器种植金边虎尾兰放在地上，使得整体和谐稳重，不杂乱。

窗台/阳台

生活中日常器具都可以用作种花的容器，"废物"利用往往会创造出别具一格的风景。木架上摆放的仍然是一些小的容器植物，容器各式各样看似不经意但是又很和谐。一辆坏了的自行车全部刷成白色，既不鲜艳夺目、又不会太默默无闻，车筐里放置几盆小花充满了生机。道具虽然朴实无华却又引人驻足赏析。

装饰街头公园

在街头累了的时候，看到这处景观是不是很想坐下来小憩一会儿？一把竹制的遮阳伞也疯狂。柔顺的铁线莲与生动自然的外形，好像她要顺着"遮阳伞"爬上去一样。淡雅的紫色与木质的组合使得这块区域非常宁静、平和。

植物选得当是造景最关键的一步，配上合适的容器更是锦上添花。鲜艳的颜色本来就给人膨胀感，再加上破碎的蛋壳造型容器，好像这些小小的石竹开得太丰盛都要破壳而出了，旁边的银叶菊好像小绒毛一般守护着新生命。最下层的淡黄色矮牵牛很像鸡妈妈孵小鸡时铺的稻草，整体生命感很强，又非常的亲切温暖。

容器不只是地上可移动的，还可以是屋顶哦。这个廊架顶就种上长生草，给炎热的环境一处纳凉的好去处。后面垂吊着的一些植物，好像阻挡了噪音，让人们能够安安心心地坐在长廊里欣赏前面的水景。

容器可以做成各种不同的造型，再加上植物色彩的变化，更能展
现出设计师想要表达的思想。

以船作为容器不仅独特，还免去了栽植水生植物的繁琐。花船可以在水中任意摆造型，根据周边不同的环境种植不同的植物。

这是一个规则式的花园景观，给人感觉严肃端庄，但是在上楼梯
处摆放一些郁金香，缓解了那份压抑感。

立起的自行车、散乱的鞋子、鲜艳的矮牵牛，还有低矮的木栅
栏，都让人有一种欢快放松的状态，好想跟着音乐跳起来。

原本死气沉沉的宣传栏是不愿意走过去看的，但是被这群鲜艳朝
气蓬勃的花朵们给吸引过去啦。所以只要是有重要事情需要人们
驻足观看的时候，都可以把容器挪过去哦。

规规矩矩板板正正的规则式植物景观，让身处其中的人感到有些
拘谨不知所措。但是搭配一些弧线的容器就不一样啦，容器中黄
色水仙好像跳动的星星，柔和了这片区域。

街头公园

为花草增色的秘诀有很多，就像这里使用的铁艺自行车花架增加了花草的乐趣，还可以控制植物的高度提升不同植物的观赏效果。从花箱里倾泻出来的花叶蔓长春使这片景观更加自然。

庭 院 应 用

花架上整齐的摆放着一些小盆花人为痕迹明显，旁边地上聚集纤细的
波斯菊提升了自然感。运用铁桌和铁椅的高低差使得盆栽如地植一
般，错落有致别具一格。

将楼梯架与各式各样的盆栽组合起来，植物也展露不一样的氛围。

庭院

应用

大胆运用蓝的、红
的、紫的、黄的各种
草花和小品，让这
个小庭院充满了童
趣，天真烂漫。

下面是普通大容量的白盆花显得沉稳，上面是彩色的小盆花整齐有序地排列在围栏上，中间的椅子充满趣味。整幅画面植物大都是清新的绿色，而彩色的花盆"冒充"了花朵吸引人的眼球。

本来黑色的花容器就显得非常的神秘安静，再加上水景的设计，让人忍不住想伸头打探这里到底有什么魔法。像枯山水规矩的铺装增添了一份禅宗静谧。

地上破烂的花盆好像植物是从土里自己长出来的一样，每天从这里经过心情都无比的舒畅。

正想要坐下来才发现沙发已经被各种盆花霸占，还在犹豫怎么坐下来品尝轮胎桌上的点心时才发现原来是多肉。

经历了岁月的指示牌在一堆盆花中仍然很有存在感，因为它高，
也使得整个景观丰满立体了。

做旧的墙上挂着一些做旧的花容器，别有一些岁月感，让人忍不住回忆一波。整体都是低调的绿色与淡蓝色，偶尔两盆紫色的鸭跖草作为点缀成为焦点。

柔和淡雅的粉色三色堇与紫色的葡萄风信子平静而祥和，笔挺的葡萄风信子叶片与三色堇纤柔的质感形成对比，使花园不那么单调。

庭院应用

清凉安静的蓝色系植物静挂在花架上，随着清风摇曳。被几盆彩色的矮牵牛和美女樱打破了这份宁静。

如何创作容器花园

这里所说的容器花园指单个容器的组合盆栽。

如果你的容器大小合适、土壤肥沃疏松、植物健壮，那么，容器里面的植物即使不用太多养护，也会茁壮成长。创造一个容器花园，创造更多的绿色空间，即使你没有一个大的院子，也能从中体会到花园的快乐。

除了市场上常见的花盆之外，锅碗餐盆、旧鞋篮筐等等，只要能盛装土壤，只要有排水孔，都能用来作为创作容器花园的容器。

在创作容器花园时，为了考虑到风格一致，最好使用颜色或者材质都一致的容器，这样即使种了多种多样的植物，也会使它们看起来像是一个整体。

选择容器时的建议：

（1）容器的大小最好比植物刚好合适栽下去大两个型号。

（2）深色的容器吸热能力很强，夏天在很强的光照下，很可能吸收大量热量，伤害植物的根系，要尽可能避免这样的伤害。

（3）避免使用口面小的容器。

（4）种植蔬菜的容器最好不要含有毒物质。

（5）深根系的植物，需要较深的容器，否则不但影响植物生长，而且土壤会很容易变干，需要不断浇水。

选择合适的容器

▶ 植物材质——木

木质花盆充满了天然情趣，健康美观与自然浑然天成，且透气透水性好，利于植物生长。但是也容易腐烂，不易打理。

● 植物材质——藤编

藤编花篮质朴唯美，种上色彩淡雅的植物，给人一种清新的田园风格。不过这些天然材质的花篮都容易腐烂，可以把植物栽植在其他容器中再放入花篮里，不失为一个好方法。

▶ 植物材质——竹

竹制花篮也有一种接地气的乡村风，并且简单易得，我们自己都可以动手做，随便一节小竹筒都可以成为花容器哦。

水泥材质

当粗犷大气的水泥花盆遇上充满生机的植物一下子就从硬汉的形象变成了暖男，格外的温柔。但是其比较笨重，难于挪动。

陶土类

陶土类花盆是综合来说比较好的啦，不仅透气透水，还不那么笨重，易于各种组合造型。古朴的材质与色泽可以搭配任意植物，沉稳又充满生机。

充满趣味的容器生活中有很多，比如我们穿坏了的鞋子、坏了的自行车的车筐、车轮胎、石头、摔坏了的碗或杯子、喝完了的牛奶罐、吃完了糖果或饼干的铁盒、洒水壶等等。总之一切可以装土又能透气透水的都可以，读者朋友们可以尽情发挥自己的想象哦。

　　容器花园成功的另外一个关键就是采用优质的土壤。最好不要直接从院子里挖土，如果有病虫害会很容易感染给植物。条件允许的话，最好购买已经消毒的、疏松肥沃的优质土壤。

　　当然，也可以自己制作培养土。可以到花卉市场购买草炭土、椰壳粉、腐叶土、山沙、河沙、红砾土、珍珠岩、蛭石等材料。在凉爽的地区用红砾土与充分腐熟的腐叶土按2:1的比例混合即可。用于大型花盆的培养土选择大粒至中粒的红砾土，用于小型花盆的培养土选择中粒至小粒的红砾土。在夏季炎热的地区，红砾土水浸后黏性很高，容易泥化，排水性差，对植物的生长发育有不良影响，可用草炭土与河沙按2:1比例配制。

　　一般种植一年的植物都需要换土，否则土壤老化排水不良，容易积水且浇水后土壤难以干燥。此外，枯叶、枯根也容易诱发病虫害。

　　旧土处理后也可以再利用。初夏或初夏以前是换土的最适时期。将需要换土的植物取出来，除去枯叶、枯根，再倒出花盆中的旧土。旧土充分干燥，用5~10目（毫米）的筛子过筛，去除土块和枯叶。再过一次1~3目（毫米）的细筛，去除旧土中的碎末。去除了杂质的旧土，轻度淋湿后放入大塑料袋，整个夏季放在强光下灭菌。灭过菌的旧土，掺入一半新土即可再利用。

选择 植物

　　容器花园最重要的是选择种什么样的植物，对于初学种花的人最好的原则是"适地适花"。如果你想要"南花北种"或者是"北花南种"也可以，但是要营造好小环境。比如在北方种植喜酸性土壤的栀子花、杜鹃花等我们要注意浇水时先将水静置几天，有条件的也可以采用纯净水浇灌。由于可以利用的植物种类非常多，因此，首先要选择好用作主色调的植物，再根据选择衬托的植物。如果花色过多，株形差异过大，作品的整体感就不好。

　　植物花期运用得好可以让我们一年四季赏花不断，可以一个容器里面栽植不同开花时期的植物进行配植，但要注意各种植物的生长习性。也可以多个容器组合拼配在一起，不同容器种不同花期的植物。比如北方春天开花的植物有：铁线莲、郁金香、芍药、荷包牡丹、二月蓝、鸢尾、虞美人等；夏季开花的有：绣球、百合、蜀葵、波斯菊、萱草、福禄考等；秋季开花的有：万寿菊、孔雀草、土麦冬、一串红、矮牵牛等；冬季就只能在室内温暖的地方栽植比如长寿花、蟹爪兰、仙客来、水仙等。

一、习性、开花期一致

　　植物中有的喜光，有的怕晒；有的喜湿，有的耐旱；有的怕冷，有的耐寒。所以不要将习性不同的植物组合在一起。一般来说，耐旱的植物叶片都有较厚的蜡质，或者有毛绒覆盖。另外，选择植物还要考虑容器的大小、类型，以及估算在一个生长季内植物的生长量。此外，开花期的一致性也非常重要。

A：主景植物
B、D：修边植物
C、E、F：填充植物

二、根据叶片的大小、质地和纹理搭配植物

一般的容器组合选择三种形状的植物：

A. 主景植物，一般选用比较高或色彩非常艳丽的植物。

B. 修边植物，藤本植物和匍匐性的草本植物都是修边的好材料。

C. 填充植物，介于主景植物和修边植物之间，一般的草本植物都可以作为填充植物。

以上这三类植物在质感、色彩、形态、大小上千变万化，可以创造出各种各样的容器花园组合。叶片有大有小，纹理也各不相同。比如玉簪单株体量不大，但叶片很大，纹理也很粗；叶片大小相似的植物，有的表面光滑，有的长满茸毛很粗糙；同样是观赏草，有的窄细，有的宽粗……一般来说，将叶片的质地、纹理、大小等差别不大的植物组合在一起，看上去会很和谐。另外，在组合中重复叶片大小和纹理都类似的植物，也会让组合显得和谐舒缓。当然，也可以尝试对比强烈的组合，但这更考验创作者的能力。

三、选择皮实、好养的植物

为了使庭院盆花的鲜花不断，必须不断地随着季节的变化，更新与季节相适应的花卉，这些需要成本和时间。因此，可以考虑在气温极端变化的夏季和冬季进行更新。选择开花期长、皮实、易于培育的花卉作为主栽品种，与季节性草花进行组合为宜。

容器花园可以利用的植物除了草花外，还有木本花卉、观叶植物等，不仅可利用的种类多，而且不同大小和株形的植物都可以利用。如果是作组合，每种植物必须无病虫害，且生长发育得健壮，这一点非常重要。

四、考虑植物的比例和数量

选择植物时，还要充分考虑到植物的极限高度。一般来说，容器与最高的植物的高度比为1:2比较合适，换句话说，植物是容器高度的2倍。相反，当要突出容器时，比例也可以调整为容器的高度为植物高度的2倍。总之，艺术上通用的三分法则，在容器花园的创作中也同样适用。不过需要注意的是，植物是不断生长的，随着时间的推移，之前的比例可能会有所改变，这需要后期的修剪维护。

植物的数量选用奇数，比如3、5、7、9等，这样可以让左中右平衡；通常情况下，4株观花的植物和5株观叶的植物搭配会很好看，有时候也用多株开花的植物搭配1株观叶的植物。

此外，为了延长观赏期，尽量选择较小的植株。

五、色彩搭配

色轮上的色彩

●暖色：红、橙、黄、杏。暖色调让人感觉视觉距离较近。

●冷色：蓝、紫、不同色度的粉。冷色调让人感觉视觉距离较远。

●中性色：黑、白、灰、绿。

1.确定容器花园的主题色彩

当你挑选植物和容器时，可以先确定好主题色。之前将容器花园的位置背景拍摄下来，对于挑选与之协调的容器与植物很有帮助。

在植物的世界中，中性色调的调色板除了我们常说的灰色、黑色和白色，还可以扩大到绿色和棕色。有些背景是红砖或其他图案，在选择配色方案时也要考虑到这一点。

同一种颜色，在不同的背景下，视觉效果也不一样。例如，灰色、紫色或绿

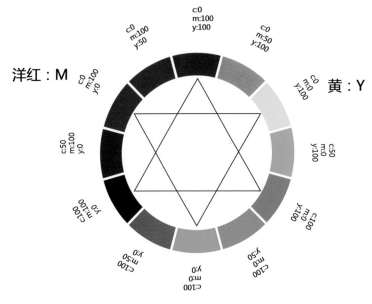

色，在灰色背景和红砖背景下，效果就不同；当然，即使同样是白色，在砖墙和油漆墙面背景下看起来也会不同。

除此之外，还要考虑灯光对色彩的影响。比如暗色调的花在黄昏的时候可能会被淹没，但在阳光下，你会发现它们那么温暖；而白色的花在夜晚才会真正体现出它的魅力。

2.根据色环搭配

——单色

●即都是同一种色彩的组合。如纯蓝色、纯紫色、纯红色或者纯黄色的各种植物组合；单色配色方案往往是舒缓而雅致的。

——相邻色

●即色环上相邻的色轮。相邻色的配置让人感觉舒适而平静。

——对比色

●即色环上相对的色轮。对比色让人感到刺激、兴奋，但一旦掌握不好，就会落入俗套，或者带给人不舒服的感觉，因此要慎重。

如果是花形和植株的大小相似的植物组合时，宜选用不同色系的花卉，选用同色的花卉就会缺乏变化；相反，如果选用花形和植株的大小不同的植物，采用同色系组合整体感较好。

相邻色

对比色

单色

一、摆放合适后再定植

在组合盆花时，为了使整体效果好，首先植物要与花盆协调，此外，各种植物的形态、大小都要认真考虑。使形态、大小不同的植物组合在一起，既富变化感，又不失去平衡感，这一点非常重要。

二、组合的基本方法

组合时要使各种植物都充分展示其特征。一般从低矮的植物到高大的植物，从前至后排列，或者从周围向中央排列。定植的顺序，一般从高大、丰满或主栽植物开始，然后是低矮植物。

定植密度要根据花苗的大小、植物的种类、生长期以及花盆的大小而定，一般间隔大概在10~15cm。

　　已经开花的花苗由于使用期限比较短，仅有1~2个月，定植密度可大一些。株形为紧凑的半圆形的植物，或者植株高大但是分枝性较差，株形较为瘦弱的植物定植密度也应大一些。分枝性强、生长旺盛的草花，或者植株丰满、开花期长的植物，定植间距应大一些。

　　此外，小型花盆不宜定植过度拥挤，大型花盆可以提高定植密度。

1.构思设计

在选择植物之前，首先就要构思好，组合出来会是什么效果，然后再动手，组合的时候可以根据实际情况做调整。还可以把容器和想要组合的植物比对一下，看看效果。

2.种植

将植物脱盆，尽量不要损伤根系。可以在盆底铺一层大颗粒的轻石或陶粒，有利于盆栽的排水和透气。在粗石砾上铺一层拌好肥的土。将植物逐颗放入盆中，并根据实际情况进行调节。最后在植株的间隙填入介质，并压实。浇透水！

一、浇水的技巧

浇水的基本原则是，土壤干燥后再浇水。不适当的浇水往往会导致植株衰弱或枯死。在浇水前必须确认土壤表面是否干燥了，然后再浇水。

浇水时一定要充分浇足水。盆花繁茂时，从上方淋水，水分会沿着叶片滑落，而达不到根部，要注意水一定要浇到根部。此外，有些种类的花卉水淋到花朵上，会使花瓣受到伤害，一定要注意。

浇水一定在上午以前完成。除非土壤特别干燥已经发生萎蔫，尽量避免傍晚大量浇水。特别是盛夏和严冬要绝对避免下午或傍晚浇水。

二、施肥

肥料根据营养成分和有效期限的差异种类繁多，各种肥料要根据植物的种类和栽培方法选择使用。

一般化学合成的肥料称为无机肥料。化学肥料的成分是合成。各种成分的组合和比例可以自由调整。此外，有粉末、颗粒、液体等形态的种类。通常按照固体肥料和液体肥料的类别出售。

多数化学肥料的营养成分可以迅速溶于水，易于被植物根系吸收，施肥的效果也可以迅速表现出来。但是，也有把营养成分固定在颗粒内部，由一个小孔逐步释放的缓效性肥料。

1.难以使用的有机肥料

除了化学肥料外，由动、植物体或排泄物制成的称为有机肥料。有机肥料是由动植物体的有机成分分解而成。这些有机物需要转化成根系可吸收的形态后才能显示出肥效，肥效慢慢释放。有效期限较长。因此，适当多施一些，也不会烧花。但是，如果断肥时施用有机肥，不会立刻有肥效。此外，可利用的成分和量不准确，分解过程中有臭味等特点。

为了控制庭院盆花的水分、养分的量，化学肥料应使用简单的。根据种类和生长发育阶段，可以选择各种不同比例的肥料，肥料不足时可以立刻补充。如果使用量过度，立刻会出现烧花，要十分小心。

化学肥料的成分必须按顺序注明氮、磷、钾的比例。购买时认清成分比例，选择各种有效成分含量在10%以下的产品。

由于定植时作为基肥的缓效性肥料一般可维持肥效1~2个月，庭院盆花养护到3个月以上时，需要追肥。

对于开花期长的、生长发育旺盛的花卉，定植1个月后根据生长发育状况，追施液体肥料，一般液体肥料在生长旺盛期使用。植物生长势弱或衰老时不施肥。

植物种类不同，追肥的间隔时间也不同，一般为每月2~3次，尽可能定期施用。施用肥料的浓度，必须按照规定的倍数稀释，肥料尽可能以少量勤施为宜。

三、修剪

多数开花期长且多花的草花，一种花开过，下面的花又开始开放，花枝不断伸长，腋芽的生长会受到抑制，这样生长势逐步衰弱，株形零乱。此外，由于季节的变化，环境条件劣化，都会造成花期终止。因此，株形零乱的植株或生长发育停止的植株，及早进行修剪可以恢复生长势。

根据花卉的种类，以及腋芽的着生位置和生长势，植株的再生能力也有差异。尽可能在植株老化前进行修剪，植株比较容易恢复生长势。

在修剪时要注意尽可能多留叶片，确认好腋芽的位置再修剪。修剪以过度伸长的枝或茎为主，修剪时留下的枝或茎的长度尽可能一致。

修剪过的植株，叶面积减少，要减少浇水以防土壤过度潮湿。当新芽开始生长，叶片展开时，追施稀释的液体肥料。

四、花后处理

一年生草花的花期一般比较短，花期后植株枯萎，除了拔除以外没有什么其他方法。有一部分是属于耐寒或耐热性差的宿根草花，而作为一年生草花使用的种类。这类草花可以通过防暑来防寒度过冬天或夏天，在春季或秋季还可以再度开花。每个盆花或每株花卉，要在植株衰弱前改植换土，冬季或夏季要准备好换盆用的容器。

一年生草花一般在枯萎前形成种子，取种子要等到种子发育成熟后再取，各种花种子要分别保存到适宜的播种期。但是，很多经过品种改良的花卉，即称为杂交一代品种的花卉，取得种子也不能开出同样的花儿。因此，每年必须购买新的花苗或种子。

春季定植的球根如美人蕉、大丽花等种类除外，一般的球根类的开花期都比较短。与其他草花进行组合栽培（作为点缀用量较少时除外），如果只种植一种球根时，可以及时取出改植，也可以种在原处不动，进行追肥，使球根吸收营养物质膨大，以便来年再度利用。如果是小型花盆或大型花盆中密度定植时，会影响根系生长，即使追肥，球根也不膨大，难以再度利用。

容器花园案例分析

一年中，四季可赏的植物很多，株型和花色不同的花卉组合在一起，可创作出各种作品。并且容器花园的优势是可方便移动，在北方也不用为寒冷的冬季无花可赏啦。下面我们一起学习欣赏各种案例吧。

山野一隅

习性特点： 比较综合的植物类型，既有灌木，也有草本，都比较喜阳。

色彩造型： 各种植物叶形相差比较大，质感很丰富，看上去非常原生态。金叶女贞的颜色提亮了整个组合。

颜色搭配：

植物素材

☆ 金叶女贞

□ 银叶菊

○ 观赏草

◇ 绵毛水苏

※ 应季草木

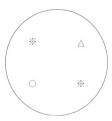

矾根的家族

习性特点： 矾根耐寒，喜半阴，耐全光，春秋两季可以多放在阳光下，夏季可以
放在阴凉处，容器组合可以根据季节来装饰不同的场所。

色彩造型： 矾根的色彩很多，不用加别的植物组合在一起就非常丰富。搭配欧式的
花盆，非常田园的味道。

颜色搭配：

植物素材

※ 紫色矾根

△ 红色矾根

○ 绿色矾根

仲夏夜之梦

习性特点： 组合里的植物都比较喜阳，应该放在阳光充足的地方，夏天多浇水。

色彩造型： 植物种类繁多、色彩丰富，线形的铁线莲与小木槿，质感不同富于变化。扶芳藤作为边缘植物悬垂下来，中景配上绵毛木苏与红色的彩叶草，整体富有跳跃的层次感。

颜色搭配：

植物素材

+ 红叶景天

○ 红千层

△ 彩叶草

◇ 绵毛水苏

※ 铁线莲

□ 扶芳藤

☆ 常春藤

■ 小木槿

丰草争茂

习性特点： 都是比较耐阴的植物，可以放在阴凉的环境。

色彩造型： 紫叶酢浆草让组合的色彩显得丰富，尤其是在秋天，红色会更加靓丽。搭配白花车轴草与金边吊兰让满筐的紫红色不显得刺眼。将绿色作为主景，白花车轴草的小白花作为点缀，紫叶酢浆草悬垂于边框，使整个盆栽不那么单调。组合还适合垂吊。

颜色搭配：

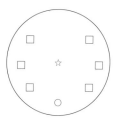

植物素材

☆ 金边吊兰

○ 白花车轴草

□ 紫叶酢浆草

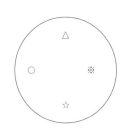

遮不住的情怀

习性特点： 这几种植物都是喜阴的植物，适合放在阴凉湿润的环境。在一些日照比较少的区域，或者朝北的阳台和角落也都适合它们的生长。

色彩造型： 阴生的植物，一般开花都不会很鲜艳，所以在搭配上更多地需要考虑植物的叶形与叶色的对比。紫叶的珊瑚钟和筋骨草与花叶的玉簪巧妙地结合，而叶子细长的麦冬则自然悬垂，让整个盆栽顿时生动起来。这个品种的麦冬，会开淡紫色的小花，秋天还会结一串串华丽的宝石蓝果子。

颜色搭配：

植物素材

○ 玉簪

☆ 紫花筋骨草

△ 紫叶珊瑚钟

※ 麦冬

凌波柔香远更浓

习性特点： 水仙喜寒畏热，矾根也耐寒喜半阴，所以可以放置在稍遮阴凉爽的地方。

色彩造型： 水仙呈现一种优雅宁静的氛围，搭配暗紫色的矾根使得环境更加静谧。绵毛水苏上暖暖的茸毛瞬间拉近了与人的距离，整体清秀文雅又平易近人。

颜色搭配：

幽草晚晴里

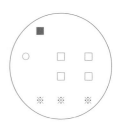

习性特点： 都是喜凉爽、湿润，阳光充足的环境，应放在通风透光的环境里，并多浇
水。

色彩造型： 金边吊兰让满盆的绿色显得不那么枯燥，而少许的金边又不那么刺眼。灰色
的银叶菊加重轻柔色调。

颜色搭配：

植物素材

□ 银叶菊

○ 麦冬

※ 吊兰

■ 应季观赏草

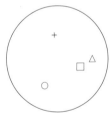

植物素材

+ 熏衣草
○ 三色堇
△ 常春藤
□ 牵牛花

历夏熏衣浮异香

习性特点： 比较混合的植物类型，有喜阳、喜半阴、喜阴植物，所以应放在靠墙边有遮阴的地方。

色彩造型： 蓝紫色的熏衣草与红紫色的矾根，高低错落，呈现出浪漫而又富于层次变化的美。

颜色搭配：

深庭秋草绿

习性特点： 美女樱喜阳，常春藤喜阳也耐阴，夏季应将植物进行遮阴处理。

色彩造型： 紫色与其他颜色混合时容易失去其特性，所以此处没有栽植其他颜色的花，
而是用了大量的绿叶来烘托出美女樱。

颜色搭配：

植物素材

☆ 美女樱

□ 常春藤

※ 矾根

○ 观赏草

芳草有情

习性特点： 都是喜温暖湿润气候的植物，喜欢阳光充足的环境。

色彩造型： 香桃木的花语是爱情秘语，开白色纯洁的小花朵，与紫色
的熏衣草、粉色的月季组合在一起温馨浪漫。

颜色搭配：

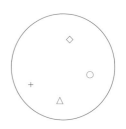

植物素材

+ 银叶菊

○ 月季

△ 羽叶熏衣草

◇ 香桃木

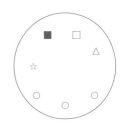

意帘幽草

习性特点： 都是比较喜欢潮湿的环境，注意多浇水，并且夏季要避开
高温。

色彩造型： 这盆花整体很不错，高中低都有，中间的洒金珊瑚星星点
点的金色使色调不那么单一，虎耳草的鞭匐枝也给整体
增添了一种灵动的美。

颜色搭配：

植物素材

■ 熊掌木

○ 虎耳草

☆ 洒金珊瑚

△ 麦冬草

□ 观赏草

一树春草梦

习性特点： 天竺葵、风铃草喜光照充足，六倍利需在长日照低温下生长。整体需要在夏季进行适当遮阴。

色彩造型： 中间以红色调的石竹、天竺葵、风铃草为主，两边以白色过渡，最后用紫色的六倍利淡出视线。布局上采用2/3/1的方式，既不是呆板的对称，又不会太杂乱。

颜色搭配：

植物素材

- ■ 应季观赏草
- ○ 石竹
- △ 天竺葵
- ☆ 风铃草
- ※ 六倍利
- □ 三色堇

留连戏蝶时时舞

习性特点： 都是喜阳光充足的环境，疏松肥沃、排水良好的土壤。

色彩造型： 吊兰上的走株好像飞着的蝴蝶停息在纤柔的枝干上，远望着前方亭亭玉立
的美女樱，好不惬意。

颜色搭配：

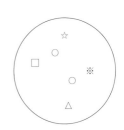

植物素材

○ 美女樱

☆ 吊兰

△ 花叶香桃木

※ 观赏草

□ 麦冬

圆盆浮小叶

习性特点： 金叶番薯叶、百万小铃、荷兰菊都是喜阳光充足的环境，对土壤要求不严，管理粗放。

色彩造型： 在白色大容器的背景下，大量栽植紫色的百万小玲，突显了一种神秘、优雅、浪漫，泛黄的金叶番薯叶叶子给原本带了一丝丝淡淡哀伤的紫色调中和了，不会显得太深沉。

颜色搭配：

植物素材

※ 常春藤

△ 金叶番薯叶

○ 百万小铃

□ 荷兰菊

景天交响曲

习性特点： 这些植物都是相对喜光、耐旱的，所以在后期的养护上方法可以一致。
夏天放在暴晒的环境下也一样无需担忧。

色彩造型： 棕叶苔草色彩比较特别，自然而野趣，水果兰银灰色的叶子让整个盆栽
的色彩跳跃起来。后期水果兰的植株会高出棕叶苔草，可以适当修剪。
当然，随着生长，水果兰也可以成为后期主角，便是另一种风格了。几
种景天本来就比较耐旱耐暴晒，阳光下会生长更好，色彩也会更加艳
丽。八宝景天到了秋天还会开出粉色的小花，别有风味。

颜色搭配：

植物素材

□ 八宝景天

○ 圆叶万年青

+ 胭脂红景天

※ 水果兰

△ 棕叶苔草

■ 花叶景天

春深不曾知

习性特点： 都是喜温暖湿润的环境，但是要避免阳光暴晒，中午要进行遮阴处理。

色彩造型： 报春花是春天的信使，大地还未复苏，她便兴冲冲地告诉人们春天的来临。纯白的花心中间一抹黄与后面的观赏草相得益彰，还有木质的容器，整体非常质朴唯美。

植物素材

※ 报春花

△ 矾根

○ 长寿花

+ 染料木

颜色搭配：

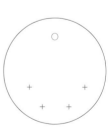

守护猫的老人

习性特点： 喜充足的阳光，微潮的环境。

色彩造型： 三色堇又叫猫脸花，运用同一种植物不同的色彩，紫色的黄色的非常跳跃的
组合，给人醒目活泼的感觉。后面的香冠柏庄严的站立好像一位老人在看着
孩子们欢快的玩耍。整体跨度很大富于变化。

植物素材

+ 三色堇
○ 香冠柏

颜色搭配：

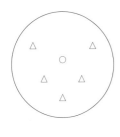

踏紫书香

习性特点： 都是喜温暖、耐寒、喜半阴的植物，生于林边、草地，耐一定干旱，忌水涝。

色彩造型： 一眼望去先是大面积的紫菀，踏在紫色花朵上沿着络石藤小白花往上，是一个球形的铁艺，让单调的空间充满戏剧性。

颜色搭配：

植物素材

△ 紫菀

○ 络石藤

山野草趣

习性特点： 矮牵牛与狼尾草都喜阳光充足，常春藤喜光照充足也耐阴，夏季将常春藤进行遮光处理。

色彩造型： 这是一组充满山野趣味的盆花，看到深紫色的矮牵牛会想到勤劳的人们在太阳刚刚升起时就已经开始了一天辛勤的劳作，而向外散开的狼尾草也朝气蓬勃。

颜色搭配：

植物素材

※ 矮牵牛

△ 常春藤

○ 紫叶狼尾草

撷草饰家

习性特点： 喜温暖湿润，忌强光照。

色彩造型： 这是一组适合室内的植物，再加上大理石纹路的容器，非常的干净大
方。各种植物不同材质不同高低的组合在一起，丰满了整个空间。

颜色搭配：

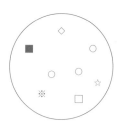

植物素材

☆ 豆瓣绿

□ 皱叶椒草

○ 络石

◇ 红掌

※ 鸟巢蕨

■ 紫叶狼尾草

烂漫一夏

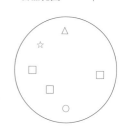

习性特点： 矾根喜半阴，酢浆草也比较耐阴，可放在阴凉的环境。

色彩造型： 不同颜色的酢浆草让组合的色彩显得丰富，尤其在秋天，紫色的矾根更加突出色彩美，组合适合摆放在岩石、墙边等地。

颜色搭配：

植物素材

☆ 矾根

□ 酢浆草

△ 应季观赏草

○ 小苍兰

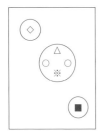

色彩造型： 白色的绣线菊与少量红色的凤仙花、紫色的麦冬配一块儿，整体偏素雅。绣线菊和常春藤枝条不同的伸展方式将人的视线引入不同的方向。

颜色搭配：

植物素材

※ 绣线菊

△ 凤仙花

○ 麦冬

◇ 常春藤

■ 金雀儿

搭配器具

2只圆形陶盆、
2个铁架、2只酒瓶

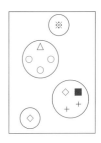

色彩造型：种盆花可以按照自己每天不同的心情任意挪动，排列组合。地被类的藿香蓟、打碗碗花既可以在最下层，也可以放入高处。毛地黄增强了线条感，立体了空间效果。但是将红色的天竺葵放在最下一层可以把人们的视线吸引下去，由下至上的欣赏。

颜色搭配：

植物素材

+ 藿香蓟

○ 打碗碗花

△ 毛地黄

◇ 天竺葵

■ 大花飞燕草

※ 常春藤

搭配器具

4个陶盆、2个木盆、4个吊篮、1个铁架、吊绳

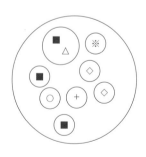

色彩造型： 桌上大面积色调都是清新淡雅的淡蓝色系，配上一朵黄白色的水仙，使水仙更为突出，而蓝色的三色堇和鸢尾趋于隐退，将红色的郁金香与风信子摆在最后面，弱化视觉效果。不同材质的容器与鸭子造型的饰物增加了趣味性。

颜色搭配：

植物素材	搭配器具
■ 酢浆草	7个陶盆、1个铁盆、
＋ 水仙	1个木盆、2个摆件
○ 三色堇	
△ 鸢尾	
◇ 郁金香	
※ 风信子	

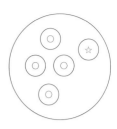

色彩造型：各种小容器都可以利用起来，铁质的水壶、塑料的花盆、泥质的容器都可以任意组合。大面积暗色系的植物与一两朵浅色的亮黄色三色堇搭配，整个画面高雅、深沉，又不会压抑。

颜色搭配：

植物素材
○ 三色堇
☆ 朝雾草

搭配器具
3个铁盆、1个塑料盆、
1个陶盆、1个圆形桌

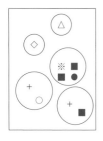

色彩造型：地上的植物营造了一种初夏的氛围，熏衣草高挑的线形感将整个画面立了起来，不会显得过于沉重。上面悬挂的矮牵牛也使整体往上拉伸，花篮里吊着的深蓝色花充满了梦幻。整个环境也有温和、宁静的和谐。

颜色搭配：

植物素材

+ 美女樱

※ 熏衣草

△ 矮牵牛

○ 常春藤

◇ 苔草

■ 观赏草

● 吊兰

搭配器具

5个陶盆、1个吊篮、
铁链、猫头鹰小品

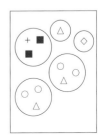

色彩造型： 几个傣陶容器里栽植了些银叶菊、花毛茛、矮牵牛、常春藤，营造了一种民族风情的乡村景观。让人忍不住联想到，曲折的小路上有几位穿着民族服饰的傣族姑娘正在泼水。

颜色搭配：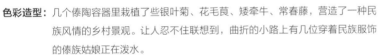

植物素材

+ 银叶菊
○ 花毛茛
△ 矮牵牛
◇ 常春藤
■ 虞美人

搭配器具

3个红陶盆、1个吊盆、
1个塑料盆、吊绳

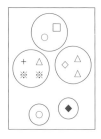

色彩造型： 这个用砖砌好的规整的容器里栽植了些矮牵牛、矾根和麦冬，组合更富于变化，黄色为紫色的对比色，当紫色的矮牵牛中加入了少量黄色的矾根后，显得更为活跃。旁边用银叶菊进行过渡，朦朦胧胧间过渡到了橙色的矾根，不会显得过于突兀。

颜色搭配：

植物素材

※ 三色堇

△ 矾根

○ 麦冬

+ 苔草

◇ 银叶菊

□ 银莲花

◆ 狼尾蕨

搭配器具

4个塑料盆、砖砌花坛、砖块

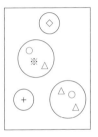

植物素材

+ 朱顶红

○ 翠雀

△ 银叶菊

◇ 月季

※ 绣线菊

搭配器具

3个红陶盆

色彩造型： 这是城镇景观，虽然面积不大，但是容器与植物运用得当，也创造出了独特的效果，成为了行走在直径小路上的一种乐趣。上层景观植物的整体色彩都不会太显眼，将醒目的红色放在了下面，不容易让人们忽视。

颜色搭配：

色彩造型： 这个庭院中的季相景观，采用的是同一色系的容器，同一色调的植物，但是利用不同植物的不同质感与高矮丰富了整个空间效果，不会显得乏味单一没有创意，还有一些铁艺花架也成了点睛之景。

颜色搭配：

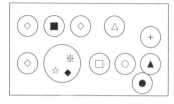

搭配器具

陶盆若干、3个石器盆、

1个铁皮盆、5个铁艺花架、

1个小竹排

植物素材

+ 羽扇豆   ◆ 姬小菊

○ 秋海棠   ● 铁线莲

△ 枫树

◇ 月季

※ 蓝铃花

□ 玉簪

☆ 佛甲草

▲ 羽扇豆

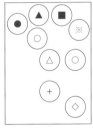

色彩造型： 使用已久的木花架随着时间的增长而变得古香古色，配上红陶花盆使整个画面更加的古朴有韵味。一些盆里的草花如矾根和酢浆草，可以随着季节的不同而变换其他植物种植，简单易操作又方便移动。

颜色搭配：

植物素材

+ 矾根　　▲ 皮球柏

○ 酢浆草　■ 瓜子黄杨

△ 虎耳草　※ 圆柏

◇ 麦冬

● 蓝冰柏

搭配器具

7个红陶盆、3个瓷盆、
2个木盆、
1个大的木花架

容器花园常用植物

　　由于容器花园可移动的优点，我们可供选择的植物种类特别多。即使南北花种的植物也可通过我们的悉心养护而茁壮成长，夏季可种宿根美女樱、向日葵、蜀葵等；秋季可种万寿菊、一串红等。总之容器花园方便灵活，可以按照你的喜好来。

春季常用花卉

郁金香　百合科

秋植；F:3~5 月 H:15~60cm C:均有
春季的球根主打，品种品系非常多。种球于10~12月上旬
定植。在萌芽前注意浇水，避免土太干。北方注意防冻。

风信子　百合科

秋植；F:3~4 月 H:15~20cm C:均有
具甜香，花色丰富。株高不高，可多色混栽形成满盆春色，
也可间或搭配一些小叶或细叶的植物。

银莲花　毛茛科

秋植；F:3~5 月 H:30~90cm C:红粉白蓝
块茎干后易皱缩，应放在湿沙或蛭石中吸水 4~5 日后定植。

葡萄风信子　百合科

秋植；F:3~4 月 H:10~20cm C:红粉白蓝
株形较矮，适合做成团栽植，在组合中形成焦点颜色。

注：F代表观赏期，H代表株高，C代表颜色。

铃 兰　百合科

秋播；F:5~7 月 H:15~30cm C: 白色

栽培非常容易，可以作为填充花材，也可成团栽植形成盆栽
主色调。白色的花与其他花材都是百搭。尤其适合搭配岩石。

喜林草　田基草科

二年生秋播；F:4~5 月 H:10~20cm C: 蓝黑白

易分枝，株形匍匐性，可作为填充花材，可为整个组合添加
烂漫的气质。

勿忘我　紫草科

二年生秋播；F:4~5 月 H:10~40cm C: 蓝粉白

不耐旱，需常浇水，遇霜雪寒风容易叶片枯萎。不适合与喜
湿的植物搭配。

霞 草　石竹科

二年生秋播；F:5~7 月 H:15~90cm C: 白粉红

株形很散，适合自然风格的组合。幼株和成熟株株高相差很
大，组合时要注意长大之后的高度。

石 竹　　石竹科

秋播；F:4~6 月,9~11 月 H:15~50cm C:白粉红
株形整，可作为填充花材，也可成团栽植形成焦点色。

二月蓝　　十字花科

秋播；F:4~5 月,9~11 月 H:30~50cm C:紫粉白
可作为填充花材或焦点色花材，管理粗放，适合野趣风格的
组合。

迎 春　　木犀科

秋扦插；F:3~5 月 H:可达 2m C:黄
开花最早，可植于庭院、草坪，也可做切花。

福禄考　　花葱科

秋播；F:5~6 月 H:10~40cm C:红粉白淡紫
盆栽组合中非常适合以粉色为基础色调的雅致的色彩调配。
小盆中可以使用矮化品种，可以与烟花草、五星花等组合。

屈曲花 十字花科

秋播；F:5 月 H:10~40cm　C:白浅紫
常栽培于岩石园、花境、花坛，也可以盆栽。可作为填充植物，
还具有芳香。

麦秆菊 菊科

秋播；F:3~6 月 H:30~50cm C:红粉白黄
常用做修边植物，多种颜色在一起时，可以起到调和的效果。
与蓝色、紫色等冷色系搭配时，最好选用黄绿色品种。最适
合与柔和花色搭配，也可以作为基础色调，配以各种色彩进
行组合。

天竺葵 牻牛儿苗科

非耐寒性宿根草花；F:5~11 月 H:30~90cm C:红粉白橙
花期极长，耐旱耐热，株形丰满，是装饰窗台最好的花卉选择
之一。可与矮牵牛、鬼针草等半匍匐性草花组合，更显华丽丰满。
与八角金盘或银叶麦秆菊等独特叶片的植物组合也非常出彩。

绣线菊 蔷薇科

春秋两季均可进行；F:4~5 月 H:1.5m C:粉白
在城市园林植物造景中，绣线菊可以丛植于山坡、水岸、湖旁、
石边、草坪角隅或建筑物前后，起到点缀或映衬作用，构建
园林主景。初夏观花，秋季观叶，构筑迷人的四季景观。

皇帝菊 菊科

四季播种；F:春夏秋 H:20~50cm C:黄

适宜盆栽、花坛、花境栽植，管理粗放。群栽或混栽均可。

茼蒿菊 菊科

非耐寒性宿根；F:3~5 月 H:10~100cm C:白黄粉

在组合中可以作为基础色彩，也可作为填充花卉。白色可调节多种颜色。不耐旱也不耐潮湿，耐整形修剪。

珍珠绣线菊 蔷薇科

春秋两季均可进行；F:4~5 月 H:1.5m C:白

绣线菊植物花朵繁茂，盛开时枝条全部为细巧的花朵所覆盖，形成一条条拱形花带，树上树下一片雪白，十分惹人喜爱。容器花园适于做主景或修边植物。

丁 香 木犀科

春、秋两季；F:4~5 月 H:高达 5m C:白紫

因其花大且具有独特的香味，是非常好的园林观赏花木。适于做主景植物。

夏季常用花卉

百 合 百合科

秋植；F:5~8 月 H:50~200cm C:红白粉橙黄

花形特殊，株形直立，适合作为主景花材。最好配以多种草花和修边植物，才会不显得头重脚轻。在大型花盆中作为主栽花卉时，由于开花期较短，还要选择开花期较长的花卉进行组合。盆栽时需要选择较深的花盆。

大丽花 菊科

春植；F:6~10 月 H:30~100cm C:均有

品种极其繁多。花型大，适合作为稍微大型组合的主景花材。株高形散的大丽花容易营造华丽又自然的风格。4 月前后定植块根，防止土壤过湿。

马蹄莲 天南星科

春植；F:6~8 月 H:30~90cm C:红粉白绿紫

花形特别，叶片大，株形直立，宜作为组合中的主景花材。

朱顶红 石蒜科

春植；F:3~5 月 H:60~90cm C:白红粉白橙

花大而多，花莛修长，适合作为焦点花材。

大花葱　　百合科

秋植；F:4~6 月 H:20~150cm C:紫黄白蓝
花形特别，花莛修长，非常适合作为主景花材。花大而奇特，
色彩艳丽，它的盛花期长达 20 天，观赏价值高，适合作为主
景花材。

矮牵牛　　茄科

春播；F:5~11 月 H:20~40cm C:红粉白蓝紫
品种非常多，分枝力极强，花期也长。是吊篮、窗前花箱、
吊盆等不可缺少的花卉。紫色、白色等冷色系品种组合，在
夏季能营造安宁凉爽的气氛。喜土壤肥沃，通风日照良好，
不耐闷热潮湿。

山梗菜　　桔梗科

秋播；F:5~6 月 H:10~30cm C:白蓝紫紫红
有矮化、高性和下垂三种类型。纤细的茎分枝性很强，可以
修剪出蓬松的株形。蝴蝶形的小花与其他花卉很容易搭配。
也可以用作组合中的基础花材，靓丽的黄色可以营造出华丽
奔放的效果，而淡紫色、白色则显清爽。

苏丹凤仙　　凤仙花科

非耐寒性宿根草花；F:5~11 月 H:30~60cm C:红粉白橙紫红
株形自然，非常繁茂，很容易覆盖花器或地面，花色丰富，
花期长，有单瓣品种和重瓣品种，还有近缘的大花型品种新
几内亚凤仙。凤仙花是吊篮和窗前花箱不可缺少的花材。在
小型组合中可以作为主景花材，大型组合中可作为修边花卉。
不耐寒，耐高温，忌强光。夏季应该放在明亮半阴的地方，
土壤忌过干过湿。

美女樱　马鞭草科

春播；F:5~11 月 H:1~100cm C:红粉紫淡紫

株形自然，可以作为基础花材，色彩亮丽的可作为主题花卉。
在大型组合中适宜作为修边的花卉。性强健，忌过度潮湿。

香雪球　十字花科

北方地区多为春播；F:6~7 月 H:10~40cm C:白紫

香雪球花瓣淡紫色或白色，散发阵阵清香，是布置岩石园的
优良花卉，可作为花境的中、远景花材。也可沿墙垣种植，
还可盆栽垂吊，形成花球或花瀑布。

花菱草　罂粟科

秋播；F:4~5 月 H:10~20cm C:黄白

花菱草纤柔的姿态，容易增添娇媚又自然的韵味。少数几株，
就能提亮整个组合。尤其是白色、黄色，给人非常阳光的感觉。
可作为填充花材，也可作为主景花材。

柳穿鱼　玄参科

早春或秋末播种；F:6~9 月 H:30~60cm C:黄

柳穿鱼花形、花色别致枝叶纤柔，花形精巧，适宜作庭院、
花境、花坛的边缘材料。也可作为容器盆栽中的主景与其他
小叶形藤本组合。也可用于插花。

龙面花　玄参科

秋播；F: 春夏 H:30~60cm C: 均有

龙面花的花朵奇特别致，可用于填充花材。也可栽植于庭、廊等建筑物旁，颇具观赏性。

旱金莲　旱金莲科

春播；F:8~12 月 H:30~70cm C: 红黄橙

旱金莲叶肥花美，花朵形态奇特，茎蔓纤细多姿，具有极高的观赏价值。适合作为填充和修边材料。

藿香蓟　菊科

秋波；F: 春夏 H:30~60cm C: 紫

藿香蓟花朵繁多，颜色素雅别致，高型品种适宜作为主景花材；因为株形较紧凑，矮型品种可作为填充材料。

麦仙翁　石竹科

能自播繁殖；F:5~6 月 H:50~60cm C: 紫

非常自然的植物，适合作为填充材料，与细碎花叶的植物搭配，营造浪漫野趣的效果。

羽扇豆 豆科

秋播；F:5~6 月 H:1~1.5m C:均有
羽扇豆花序挺拔丰硕，花色艳丽，多变化，用于表现竖线条
的美，可用作主景材料，也可做切花。

楼斗菜 毛莨科

在 3~4 月或 8~9 月进行，但以秋季为好；F:5~7 月
H:40~80cm C:均有
楼斗菜叶形、叶色优美，花姿独特，可用于主景材料，也可
作填充材料，营造自然风格。

飞燕草 毛莨科

秋播；F:5~8 月 H:30~50cm C:蓝
飞燕草植株挺拔，花繁叶秀，花穗较长，花色秀雅，适宜作
主景材料。

蓍 草 菊科

F:7~9 月 H:30~100cm C:白淡黄紫红红
蓍草耐寒，喜温暖。喜光照充足，在半阴处也可正常生长。
对土壤要求不高。花色多且鲜艳明亮，适合作填充材料。

风铃草　　桔梗科

夏播；F:5~6 月 H:1.2m C: 紫粉黄
风铃草花色鲜艳，富于变化，花型小巧活泼，可作为主景花材，
矮株形的可以作填充材料。

毛地黄　　玄参科

3 月上旬播种；F:5~6 月 H:90~120cm C: 白紫红黄蓝
毛地黄植株挺拔，花形优美，常用作主景花材，因为花多而大，
适合用观叶植物与之搭配。

穗花婆婆纳　　玄参科

以分株繁殖为主，最佳的分株时间是在 3 月底到 4 月中旬；
F:6~8 月 H:15~50cm C: 紫红白
穗花婆婆纳花枝挺拔优美，易作为填充材料。

月 季　　蔷薇科

一年四季均可扦插繁殖；F: 全年 H: 不一定 C: 紫均有
月季种类众多，花色鲜艳，是容器花园中最常用的主景花材
之一。株形高的更是可用于大型的容器组合中，如树状月季，
起到独特又冲击力强的景观效果。

八仙花　虎耳草科

宜在早春萌芽前进行分株繁殖；F:6~7 月 H:1~4m C:紫红白蓝绿
可作主景植物，用于大型的容器组合之中。

铁线莲　毛茛科

春秋都可以播种；F:4~9 月 H:1~2m C:紫白红
铁线莲花朵艳丽，枝蔓健壮，非常适合铁艺造型景观，适合作主景植物。

荚蒾　忍冬科

F:5~6 月 H:3m C:白
荚蒾枝叶稠密，叶形美观，花朵白色挂满枝头；累累红果，令人赏心悦目。适于作主景植物。

五色梅　马鞭草科

秋播；F:全年 H:1~2m C:红橙黄紫
五色梅花期长，适应性强，适于作填充植物。

冬季·早春常用花卉

水 仙　　石蒜科

秋植；F:1~4月 H:15~50cm C:黄白橙粉
与众不同的花形是水仙的魅力所在，用于小型容器时，可与低矮、花期长的三色堇、小菊花等组合。用于大型容器时，可以与针叶树等组合，也作为紫罗兰、报春花等植株高大植物之间的填充花卉，丰富质感和空间。忌土壤干燥和不通风，温度高容易徒长。

小苍兰　　鸢尾科

秋植；F:11至翌年5月 H:30~60cm C:均有
小苍兰花色丰富浓艳，馥郁芳香，花期较长，花姿秀雅。花期在元旦、春节开放，不是花期，可以作为很好的填充植物，开花后可变成主景植物。

番红花　　鸢尾科

夏植；F:2~3月 H:10~15cm C:白黄紫
番红花植株矮小，花色鲜艳，可作为填充植物，或点缀草坪。

酢浆草　　酢浆草科

夏植；F:10至翌年4月 H:10~30cm C:红粉白白黄复色
可盆栽观赏，布置窗台、几架。亦可作花坛、花境镶边种植。盆栽组合中可作为地被一层大面积种植。

雪宝花　　百合科

秋植；F:3 月　H:10~20cm　C: 紫桃白
雪宝花淡紫色显得优雅恬静，花株较低矮，适合作镶边花材。
适合作为主景植物。

雪片莲　　石蒜科

秋植；F:3~4 月　H:20~30cm　C:白
雪片莲花期早，花色秀雅、花姿可爱。适宜做草地，林缘的
镶边植物，也可作为填充花材。

三色堇　　堇菜科

春播；F:4~5 月　H:30~40cm　C:均有
三色堇是早春重要花坛花卉，株形低矮，花色瑰丽，宜作花坛、
花境及镶边植物，盆栽于案头、茶几上，可独立成景，也可
组合盆栽。

角　堇　　堇菜科

秋播；F: 冬春　H:10~20cm　C:均有
角堇是早春最灿烂的花卉，花量大，观赏价值很高，适合布
置花境、点缀草坪边缘，盆栽垂吊似花瀑一般，视觉冲击力
极强。

瓜叶菊 菊科

夏植；F:1~4 月 H:20~90cm C:白红紫
花色极其丰富，在缺少花卉的冬季及早春开花。盆栽于过道、
窗沿等，给人以清新的感觉。

羽衣甘蓝 十字花科

秋植；F:2~3 月 H:10~20cm C:紫红绿
白羽衣甘蓝是冬季花园最好的装饰植物之一。其叶形叶色优
美鲜丽，且观叶期长可作为填充的观叶植物，亦可作为主景。

紫罗兰 十字花科

秋播；F: 春季 H:30~60cm C:白红紫黄
紫罗兰花色鲜艳且浓香，是春季花坛的重要花卉，可与雏菊、
金盏菊、金鱼草等花卉配置。可作主景花材。

雏 菊 菊科

秋播；F:3~6 月 H:10~20cm C:白红粉
是花园冬季非常理想的装饰花卉，花期长，色彩繁多。可作
为填充花材。

报春花 报春花科

秋播；F:2~4 月 H:40cm C:白紫粉红
花开春节前后，形姿优美，花色鲜艳，花期很长。适宜花境、
花坛、草地镶边。也可作为主景花材。

嚏根草 毛茛科

秋播；F:1~4 月 H:30~45cm C:红紫黄
嚏根草花期恰逢圣诞节前后，花期长，栽培管理容易，有一
种自然之美，稍稍带着一点野趣，是很好的冬季盆栽花卉。
可成为焦点植物。

海石竹 白花丹科

春、秋两季均可；F:5~8 月 H:35cm C:红紫
海石竹小巧的株形深得人们喜爱，是最好的地被植物与镶边
材料，在庭院、小径、阶梯、岩石园石缝中均可。适宜作为
填充植物。

球花报春 报春花科

夏播或秋播；F:据播种时间而定 H:5~30cm C:白紫
报春花类形姿优美，花色鲜艳，花期很长。也是点缀客厅、
居室、书房、会议室环境的重要盆栽花卉。亦是做切花的好
材料。可作主景植物。

山茶花　　山茶科

6月前后扦插；F: 冬春 H:3~4m C:白粉红

山茶花为我国特产名贵花卉，叶色翠绿，花朵大，花色艳丽。
花期长，给大地带来早春的色彩，深受世界园艺界喜爱。可
作为焦点花材，格外雅致。

木　槿　　锦葵科

4月进行扦插、压条等；F: 夏秋 H:2~3m C:红紫

木槿花色艳丽，整株花期长达夏秋两季，是庭院中常见的花
木。适用于主景植物。

四季常用植物

绵毛水苏　　唇形科

F:7月 H:60~80cm C:银灰色

喜光、耐旱、耐寒。可作为前景植物，与各种花卉搭配组成花境，
也适合用于岩石园配置。一般作为填充材料与其他植物组成
景观。

朝雾蒿草　　菊科

F:4~11月 H:20~60cm C:蓝灰

半耐寒。细小蓝灰色的叶子毛茸茸很可爱。即可独立成主景
又可作填充材料。

麦秆菊　菊科

F:5~11 月 H:10~70om C: 银灰绿黄绿

柔和的叶色与任何草花都能搭配，常用于吊篮或大型盆花的边缘植物。与鲜艳花色配色都适宜，可以起到调和的效果。可以作为主景植物。

矢车菊　菊科

秋播；F:2~8 月 H:50~70cm C: 蓝白红

矢车菊花期长，花色淡雅、别致。常种于草坪，也是非常好的切花材料。可当主景植物。

地肤　藜科

春播；F: 秋季 H:50~100cm C: 秋季红叶

地肤夏季绿色纤细的叶子是重要的观叶植物，给人带来凉意；秋季的红叶可单独观赏。可以作填充材料。

玉簪　百合科

F:5~9 月 H:40~80cm C: 白

可以与喜阴凉的花卉和观叶植物等组合，可创作欧式风格的组合盆花。可作为填充材料。

杜 鹃 杜鹃花科

春季扦插；F:4~5 月 H:2~7m C:红玫瑰红鲜红
喜凉爽，喜半阴环境，喜湿润，既不耐寒又怕酷暑。喜酸性
土壤。杜鹃花色鲜艳明亮，园林应用非常广泛。可作主景成
为焦点植物，观赏价值高。

矾 根 虎耳草科

F:4~10 月 H:10~80cm C:黄绿红
对光照、土壤、水分要求都不高，非常易栽培养活。叶色非
常丰富，不同的季节、温度等也会影响叶色的变化，既可作
为填充材料又可成为主景。与各种植物进行组合造型。

瑞 香 瑞香科

F:3~5 月 C:白淡紫
喜阴，喜温暖的环境，不耐寒。夏季要进行遮阴处理，冬季
也要进行保暖措施。瑞香花朵芳香，花姿优美。可以作为主
景植物或修边植物。

石 竹 石竹科

F:5~6 月 H:30~50cm C:白粉红
耐寒耐旱，喜阳光充足，通风凉爽的环境。石竹生得低矮，
但花朵繁茂，花色丰富，观赏期较长。可作填充花材，也可
搭配其他植物组合成景。

假连翘'来檬' 马鞭草科

F:5~10 月 H:1.5~3m C: 紫

花朵小巧可爱，花紫色，枝条秀美，适合花坛、花境等丛植。可以点缀成景，亦可独立成景。

常春藤 五加科

F: 全年 H:20~200cm C: 绿花白

叶色有多种，适用于吊篮、窗前花箱等各种组合的边缘植物，非常具有立体感，是自然风格的组合盆栽不可缺少的花材。长长的藤蔓和叶片的自然形态，效果非常好。

银叶菊 菊科

F: 全年 H:20~150cm C: 银灰

非常具高级感的调和色。银叶菊不仅可用作填充花卉，也可以利用其特殊的叶色、叶形，用作主栽花卉，而且由于生命力旺盛，可以通过修剪，达到理想的株形，与其他花卉搭配，也可用于吊篮。主要作填充材料。

银边翠 大戟科

F: 全年 H:60~80cm C: 银白

顶部银白色的叶子像高山上的积雪，在炎热的夏天也能带来一丝凉爽的感觉。是非常好的花材，可作填充材料，也可当主景植物。

参考文献

中国科学院中国植物志编辑委员会. 中国植物志[M].
北京: 科学出版社, 1993.

龙雅宜，许梅娟.常见园林植物认知手册[M].北京：
中国林业出版社，2011.

主妇之友社编，张伟译.缤纷的容器花园[M].北京：
中国林业出版社，2001.

欢迎光临花园时光系列书店

中国林业出版社天猫旗舰店 　　花园时光微店

扫描二维码了解更多花园时光系列图书
购书电话：010-83143571